Matthias Seigerschmidt

Innovationen im Bereich der Satellitennavigation

Assisted-GPS, EGNOS und GALILEO

GRIN Verlag

Bibliografische Information der Deutschen Nationalbibliothek:

Die Deutsche Bibliothek verzeichnet diese Publikation in der Deutschen National-
bibliografie; detaillierte bibliografische Daten sind im Internet über http://dnb.d-
nb.de/ abrufbar.

Impressum:

Copyright © 2008 GRIN Verlag GmbH
Druck und Bindung: Books on Demand GmbH, Norderstedt Germany
ISBN: 978-3-640-28283-8

Dieses Buch bei GRIN:

http://www.grin.com/de/e-book/122528/innovationen-im-bereich-der-satellitenna-
vigation

Innovationen im Bereich der Satellitennavigation

Assisted-GPS, EGNOS und GALILEO

von

Matthias Seigerschmidt

Inhaltsverzeichnis

1 Einleitung

Momentan existieren im Bereich der Satellitennavigation drei Hauptsysteme, die in <u>Abbild-ung 1</u> wiederzufinden sind. Das vom US-Verteidigungsministerium entwickelte und umgesetzte Navigationssystem NAVSTAR GPS (*Navigation System with Timing and Ranging – Global Positioning System*) wird heutzutage weltweit für die unterschiedlichsten Anwendungsbereiche wie z.B. im Auto zur Zielfindung, im Vermessungswesen oder beim Militär eingesetzt. GLONASS, das russische Pendant zu GPS, hat auch einen militärischen Hintergrund und basiert technisch auf den gleichen Prinzipien wie GPS. GLONASS wie auch GPS benötigen zum Regelbetrieb 24 Satelliten im Orbit, um eine weltweite Abdeckung zu gewährleisten. Aufgrund der kurzen Lebensdauer der GLONASS-Satelliten (3-4 Jahre) und momentanen Finanzierungsengpässen sind nur noch 13 GLONASS-Satelliten funktionsfähig. Die Europäische Union und die Europäische Weltraumorganisation (ESA) wollen mit dem Gemeinschaftsprojekt GALILEO ein eigenes autonomes System errichten. Die Entwicklung für dieses europäische Satellitennavigationssystem findet in zwei Stufen statt. Als erstes wird ein System mit dem Namen EGNOS, welches sich schon im Routinebetrieb befindet, errichtet. EGNOS ist mit dem amerikanischen WAAS vergleichbar und stellt Korrekturdaten zu den Systemen GPS und GLONASS bereit. Die zweite Stufe stellt das System GALILEO selbst dar. Dieses wird durch den Einsatz von 30 Satelliten eine größere Genauigkeit aufweisen als die bisherigen Satellitennavigationssysteme. GALILEO wird das erste *zivile* Satellitennavigationssystem der Welt. Bei GALILEO, GPS und GLONASS ermittelt jeweils der mobile Benutzer mithilfe der Satellitensignale und dem Empfänger seine Position *selbst*. Solche Verfahren zur Positionsbestimmung werden *Positioning* genannt. Die Positionsbestimmung geschieht hier mittels der Basistechnik *Time of Arrival* (TOA). Die elektromagnetischen Signale, welche von den Satelliten stammen, werden mit Lichtgeschwindigkeit an den Benutzer gesendet. Dieser kann die Entfernung zu den Satelliten aufgrund des Zeitunterschieds zwischen Aussenden und Empfangen des Signals ermitteln. Eine weitere Basistechnik stellt *Cell of Origin* (COO) dar, welche aufgrund einer Zellenstruktur (z.B. GSM-Zelle) eine Positionsermittlung des Benutzers ermöglicht. Man spricht hierbei auch von *Tracking*.

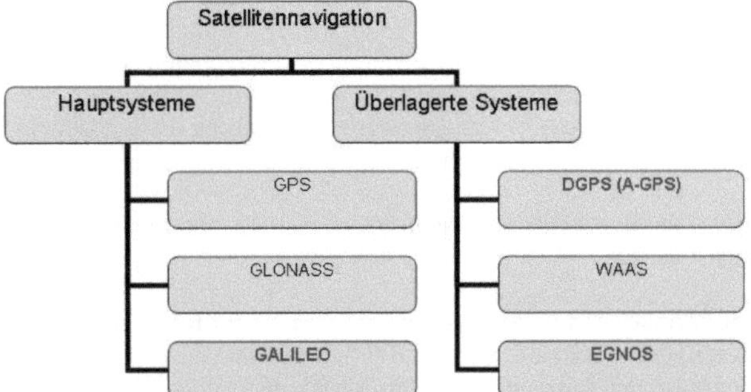

Abbildung 1: Überblick der verschiedenen Satellitennavigationssysteme nach [RoJö05]

Assisted-GPS ist im Bereich der überlagerten Systeme und im netzwerkgestützten Bereich (Mobilfunk) angesiedelt, welches die Basistechniken der Positionsbestimmung COO und TOA kombiniert. A-GPS verwendet als Grundlage die GPS-Ortsbestimmung und als Erweiterung das Mobilfunknetz.

2 A-GPS

2.1 Einführung

Immer mehr Mobiltelefone haben einen GPS-Empfänger eingebaut, um neben dem Telefonieren auch die aktuelle Position bestimmen zu können. Dabei ergeben sich aber folgende Einschränkungen in der Nutzung:

- Die erste Positionsbestimmung benötigt eine Zeit von 10-60 Sekunden (im schlechtesten Fall bis zu mehrere Minuten).
- Eine freie Sicht zu den GPS-Satelliten ist in städtischer Umgebung meist aufgrund von Abschattung nicht oder nur eingeschränkt möglich. In geschlossenen Gebäuden ist die Verfügbarkeit der Satellitensignale noch geringer.
- Bei eingeschaltetem GPS-Empfänger sinkt die Akkulaufzeit rapide ab, da dieser einen enormen Stromverbrauch hat.

Bei standortbezogenen Diensten auch LBS (*Location Base Services*) genannt ist eine genaue, kontinuierliche Ortsbestimmung nötig, um dem mobilen Benutzer z.B. einen Touristenführer anbieten zu können. *Assisted Global Positioning System (A-GPS)* ist zur Lösung dieser Einschränkungen entwickelt worden, indem es das Prinzip der GSM-Ortung mit der GPS-Navigation kombiniert. Dazu übermittelt das Mobilfunknetz sogenannte *Hilfsdaten* (auch Aiding-Daten genannt), welche eine schnellere GPS-Positionsbestimmung des mobilen Benutzers ermöglicht. Die Hilfsdaten bestehen aus präzisen Bahndaten, Satellitenkonstellation (Almanach), Funktionsfähigkeit der Satelliten und der Zeitinformationen. Um A-GPS nutzen zu können, ist ein eingebauter A-GPS-Chip im Mobiltelefon nötig, welcher eine Schnittstelle zur Aufnahme der Hilfsdaten besitzt.

2.2 Funktionsweise

Ein typisches A-GPS-System besteht aus einem globalen Referenznetzwerk von GPS-Empfängern, einem A-GPS-Server, welcher die Hilfsdaten zur Verfügung stellt, und A-GPS-fähigen Endgeräten (z.B. Mobiltelefon mit A-GPS-Chip). Die GPS-Referenzempfänger werden vom Mobilfunkbetreiber an Orten mit guter Sichtverbindung zu mindestens vier GPS-Satelliten installiert und empfangen die relevanten Satellitendaten. Der A-GPS-Server empfängt zuerst eine grobe Schätzung der Position des Mobiltelefons über ein GSM-Ortungsverfahren (z.B. die Cell-ID-Methode) und sendet nach Anfrage die berechneten Hilfsdaten zu dem Mobiltelefon. [BoGe06]

Das grundlegende Funktionsprinzip wird in <u>Abbildung 2</u> veranschaulicht und besteht aus folgenden Schritten:

1. Satelliteninformationen werden permanent von einem Referenznetzwerk beim Mobilfunkanbieter gesammelt und zum A-GPS Server übertragen.
2. Mobiltelefon sendet Anfrage an A-GPS Server und erhält die Hilfsdaten übers Mobilfunknetz (evtl. auch direkt über das Internet)
3. Nachdem die Hilfsdaten zur Verfügung stehen, können die GPS-Messungen vom GPS-Empfänger durchgeführt werden.
4. Die eigene Position kann nun schnell berechnet werden.

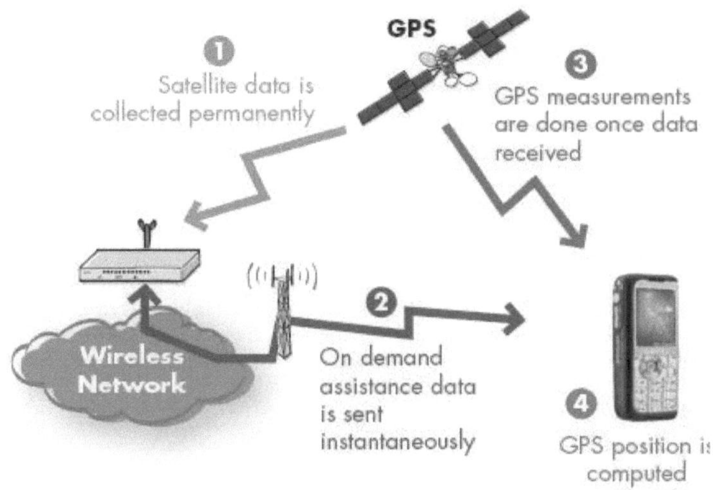

Abbildung 2: Funktionsprinzip von A-GPS [ALC07]

Diese Methode der Positionsbestimmung nennt man auch *Mobiltelefon-basiert (terminal-basiert)*, da die Berechnung der Position, auf Grund der Hilfsdaten, vom Mobiltelefon selbst vorgenommen wird. Man spricht vom *netzwerkbasierten* A-GPS, wenn das Mobiltelefon die GPS-Signale (also Entfernungen zu den Satelliten) empfängt und die eigentliche Berechnung der genauen Position der A-GPS-Server vornimmt und an das Mobiltelefon zurückliefert. [ReUd04]

2.3 Vorteile

A-GPS-Chips wie vom Schweizer Hersteller ublox sind nur 8x8mm groß und daher ideal für Mobiltelefone, PDAs, persönliche Navigationsgeräte, Kameras, Mobiltelefone und andere batteriebetriebene Produkte einsetzbar. Der u-blox 5 unterstützt GPS, EGNOS, A-GPS, WAAS und MSAS und weist nur einen Stromverbrauch unter 50 mW auf und ist daher sehr gut für mobile Anwendungen geeignet. Aufgrund der zur Verfügung gestellten Hilfsdaten muss der GPS-Empfänger keinen kompletten Suchlauf nach den verfügbaren Satelliten starten, sondern kann akkuschonend direkt die verfügbaren Satellitensignale auswerten. Die Suchzeit für die erste Lokalisierung, auch *Time to First Fix* (TTFF) genannt, wird entschieden verringert. Normal benötigt ein GPS-Empfänger ca. 10 bis 60 Sekunden, mit A-GPS ist die erste Positionsbestimmung in weniger als 10 Sekunden möglich. Aufgrund der Hilfsdaten ist eine erhöhte Genauigkeit bei der Ortsbestimmung, sowie auch eine Ortung in städtischen Bereichen mit Abschattungen und im Indoor-Bereich (z.B. Gebäuden) möglich. Reine GPS-Empfänger benötigen mindestens immer die Sicht zu vier verfügbaren Satelliten. [UBL07]

A-GPS bietet zusammengefasst folgende Vorteile gegenüber GPS:
- Hardware fällt kleiner aus
- Akku von mobilen Endgeräten wird geschont
- Suchzeit für die Lokalisierung wird beschleunigt
- Erhöhte Ortungsqualität
- Auch schwächere Signale können ausgewertet werden

Diese Vorteile erlauben einige neue Anwendungen und Dienste gegenüber dem „normalen"
GPS.

2.4 Anwendungsmöglichkeiten

A-GPS ist vor allem für standortbezogene Dienste (LBS) geeignet und bietet schnellere
Informationen, um z.B. auch eine Fußgängernavigation von Straßenecke zu Straßenecke zu
ermöglichen. Mit A-GPS ist auch eine Identifikation der Straße möglich, was mit einer
netzwerkbasierten Lokalisierung aufgrund der geringeren Genauigkeit nicht möglich wäre.
A-GPS wird in Asien schon seit einigen Jahren von Endusern verwendet, da auch fast alle
Handymodelle über einen integrierten A-GPS-Chip verfügen und somit die Verbreitung ge-
geben ist. Allerdings müssen die Mobilfunknetze mit erheblichem Aufwand nachgerüstet
werden, was eine schnelle Verbreitung von A-GPS momentan noch verhindert. Die Firma
Alcatel hat eine Technologie entwickelt, welche sich *Enhanced A-GPS* nennt, und auch
EGNOS-Daten auswertet, um eine noch genauere Ortsbestimmung zu ermöglichen. Die A-
GPS Funktionalität wird in naher Zukunft als notwendige Grundfunktion für private und
professionelle GPS-Produkte betrachtet.

3 EGNOS

3.1 Einführung

EGNOS steht für *European Geostationary Navigation Overlay Service* und ist ein
europäisches satellitengestütztes Differential-GPS. Es erweitert bestehende GNSS wie GPS
und GLONASS durch drei geostationäre Satelliten, welche Korrektursignale und Integritätsinformationen aussenden. Der Fachbegriff für solch ein satellitengestütztes System lautet *Sat-
ellite Based Augmentation System* (SBAS) und sorgt für eine Verbesserung der horizontalen
und vertikalen Ortsauflösung und gibt Auskunft über die Qualität der Signale. Es ist ein ge-
meinsames Projekt der ESA, der EU und der europäischen Flugsicherung Eurocontrol und
befindet sich seit dem Jahre 2006 im Routinebetrieb. Es wird hauptsächlich in der Luftfahrt
verwendet, um eine höhere Sicherheit im Luftverkehr, vor allem bei Start und Landung, zu
bieten. EGNOS ist der Einstieg der Europäer in die Satellitennavigation und als Vorstufe zum
europäischen Satellitennavigationssystem GALILEO anzusehen. [RoJö05]

3.2 Segmente und Funktionsprinzip

EGNOS besteht aus drei Komponenten: dem Bodensegment, dem Benutzersegment und dem
Raumsegment. Diese Segmente sind auch in Abbildung 3 wiederzufinden.

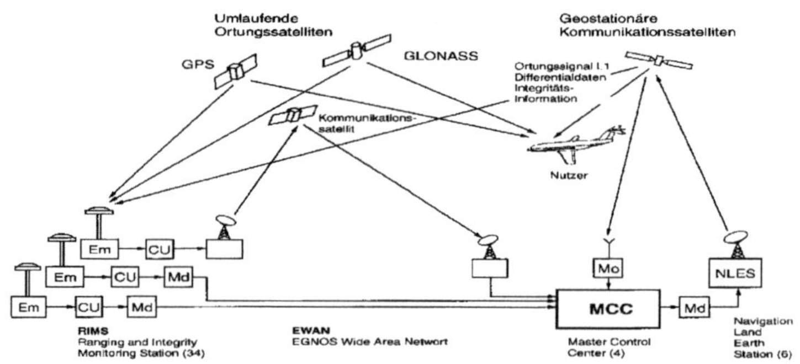

Abbildung 3: Architektur von EGNOS [MaWe04]

Das Raumsegment besteht aus drei geostationären Kommunikationssatelliten (GEO-Satelliten), welche sich in 36.000 km Höhe über dem Äquator befinden und einen festen Überdeckungsbereich (siehe Abbildung 4) besitzen.

Zu dem Bodensegment gehören 34 Monitorstationen (RIMS), vier Hauptkontrollzentren (MCC) mit angeschlossenen Monitoren und Sendern der Erdfunkstellen (NLES). Aus Redundanzgründen existieren vier MCCs, die wechselseitig die Kontrolle des Systems übernehmen. Die Kommunikation zwischen RIMS und MCC und NLES erfolgt über das systemeigene Kommunikationsnetzwerk EWAN. Die Monitorstationen empfangen kontinuierlich die GPS- und GLONASS-Signale und bestimmen durch Messung ihre eigene Position. Diese Informationen senden sie über das EWAN an das MCC. Das MCC kennt die exakten vermessenen Positionen der Monitorstationen und kann daraus das Korrektursignal berechnen und die Integritätsinformationen zusammenstellen. Diese Differentialdaten und weitere Integritätsinformationen werden mittels der Up-Link Stationen (NLES) an die geostationären Satelliten weitergeleitet, um so das EGNOS-Korrektursignal flächendeckend in Europa zur Verfügung zu stellen. Up-Link Stationen (NLES) besitzen Parabolantennen, welche eine Verbindung zu den Satelliten ermöglichen. Das ausgesendete Korrektursignal kann über die an ein MCC angeschlossenen Monitore überwacht werden. Weiterhin wird auch das eigentliche Ortungssignal von den GEO-Satelliten ausgesandt, um damit praktisch innerhalb des Überdeckungsbereichs der GEO-Satelliten die Anzahl der für die Ortung zur Verfügung stehenden Satelliten zu erhöhen. Im Gegensatz zu den GPS- und GLONASS-Satelliten haben die GEO-Satelliten keine Einrichtungen zur Signalerzeugung an Bord, weshalb das GPS/GLONASS-Originalsignal verwendet wird. Das Benutzersegment besteht aus den GPS/GLONASS-Empfänger, welche die Möglichkeiten besitzen die EGNOS-Korrekturdaten auszuwerten (Demodulation). Meist handelt es sich hier um Flugzeuge, welche eine gute Sicht zu den GEO-Satelliten haben.

3.3 Überdeckungsbereiche

EGNOS wird über Europa als Ergänzungssystem für GPS/GLONASS und auch für das neue Satellitennavigationssystem GALILEO zur Verfügung stehen. Um eine annähernd weltweite Abdeckung zu gewährleisten, arbeiten die Betreiber von den drei DGPS-Systemen WAAS, EGNOS und MSAS zusammen und sind untereinander vollständig kompatibel (siehe Abbildung 4). Ziel ist es, dem Benutzer eine erhöhte Genauigkeit und zusätzliche Integritätsinformationen zu liefern.

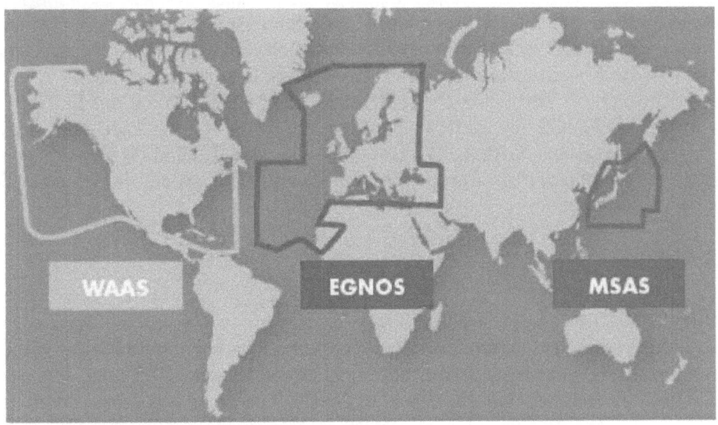

Abbildung 4: Überdeckungsbereiche EGNOS [ALC07]

Hierzu stehen über Europa drei geostationäre Satelliten zur Verfügung:

- Satellit Artemis
- Satellit Atlantic Ocean Region East (AOR-E) vom Typ Inmarsat-3
- Satellit Indian Ocean Region (IOR) vom Typ Inmarsat-3

Es handelt sich hierbei nicht um eigene EGNOS-Satelliten, sondern jeder dieser Satelliten besitzt einen EGNOS-Transponder als Nutzlast. [EGN07]

3.4 Genauigkeit

EGNOS erreicht eine Genauigkeit von ca. 4m (Horizontal/Vertikal), was einer Verbesserung von ca. 16m gegenüber GPS (Genauigkeit: 20m) darstellt. Dies wird dadurch erreicht, dass der Ionosphärenfehler fast vollständig mit dem EGNOS-Korrektursignal beseitigt werden kann. Hierzu wird durch die Monitorstationen ein Ionosphärengitter erstellt, welchen den Zustand der Ionosphäre widerspiegelt. Die Ionosphäre ist Teil der Atmosphäre und besteht aus elektrisch geladenen Teilchen, welche die Funksignale von den GPS-Satelliten in ihrer Geschwindigkeit beeinflussen. Für den horizontalen und vertikalen Positionsfehler haben Messungen folgende Werte ergeben (siehe Tabelle 1):

	Positionsfehler	Wahrscheinlichkeit
Horizontal:	3,7m	W=95%
	1,8m	W=68%
Vertikal:	4,4m	W=95%
	2,5m	W=68%

Tabelle 1: Genauigkeit EGNOS [MaWe04]

3.5 Vorteile

Die Genauigkeit der Ortsbestimmung bei GPS von ca. 20 m wird mit EGNOS-Korrekturdaten, welche die GEO-Satelliten aussenden, auf circa vier Meter verbessert. Aufgrund der Integritätsinformationen ist es jetzt im Gegensatz zu GPS/GLONASS möglich, dem Anwender eine Warnmeldung innerhalb von sechs Sekunden zu übermitteln, wenn das System nicht verfügbar ist. Auch aufgrund dieser Warnmeldungen bei Fehlfunktionen ist z.B. ein Landeanflug der Kategorie I (eingeschränkte Sicht, aber mindestens 550m) möglich. Landeanflüge werden mit EGNOS auch bei schlechten Bedingungen (z.B. Wetter, Sicht) sicherer. Auch der Schiffsverkehr in schmalen Kanälen kann mit der höheren Genauigkeit von EGNOS sicherer gemacht und somit Kollisionen vermieden werden. Auch andere Anwendungen, welche sicherheitskritische Bereiche beinhalten, können mit EGNOS sicherer gemacht werden. EGNOS ist voll kompatibel zu GPS, GLONASS und dem neuen Satellitennavigationssystem GALILEO. Das EGNOS-Signal kann kostenfrei mit einem EGNOS-fähigen Empfänger in Europa empfangen werden, wenn dieser eine EGNOS-Demodulation unterstützt.

4 GALILEO

4.1 Einführung

Momentan gibt es zwei Satellitennavigationssysteme, welche beide militärische Hintergründe haben. Es handelt sich hierbei um das bekannte amerikanische GPS und dem russischen GLONASS. Europa möchte nun ein eigenes, ziviles Satellitennavigationssystem errichten, welches nach dem italienischen Genius und Weltrevolutionär Galileo benannt worden ist. GALILEO ist ein Gemeinschaftsprojekt der ESA und der Europäischen Union und soll

„*Europas GPS*" werden. Dafür wurde das Unternehmen GALILEO Industries im Jahr 2000 als ein JointVenture der führenden europäischen Raumfahrtunternehmen gegründet. GAL-ILEO Industries besteht aus dem Zusammenschluss von mehreren europäischen Firmen wie z.B. Alcatel Alenia Space SAS (Frankreich), Alcatel Alenia Space SpA (Italien), EADS Astrium GmbH (Deutschland), EADS Astrium Ltd (UK), GALILEO, Sistemas y Servicios (Spanien) und Thales Group (Frankreich). GALILEO sollte eigentliche im Jahr 2008 in Betrieb gehen, musste aber aus Finanzierungsproblemen auf das Jahr 2013 verschoben werden. Es wird mit einem Gesamtfinanzbedarf von 4,4 Mrd. Euro gerechnet, wobei die Entscheidung gefallen ist, das Projekt aus dem EU-Haushalt (hauptsächlich aus dem Agrarbudget) zu finanzieren. Auch andere nichteuropäische Länder wie China, Indien, Israel und die Schweiz beteiligen sich ebenfalls am Projekt und erhoffen sich mit der Teilnahme auch einen Vorteil für ihr Land.

4.2 Phasen

Das GALILEO-System befindet sich momentan im Aufbau und besteht aus verschiedenen Phasen:

4.2.1 Planung (erste und zweite Phase)

Die Planung umfasst die erste und zweite Phase. Für die erste Projektphase wurden von der ESA ca. 100 Mio. € zur Verfügung gestellt. Zurzeit ist allerdings erst ein Satellit, *GIOVE-A*, im All, mit welchem eine Frist zum Erhalt der Frequenzregistrierung eingehalten wurde. Dieser befindet sich seit dem 28. Dezember 2005 im Orbit und sendet seit 02. Mai 2007 das erste GALILEO-Navigationssignal. Ein zweiter Testsatellit mit dem Namen *GIOVE-B* soll im März 2008 folgen. Die Inbetriebnahme und der Test der ersten Satelliten stellten sicher, dass die Reservierung der Sendefrequenzen für Galileo bei der ITU nicht verfiel. Die zweite Phase endet mit Entwicklung, Start und Test von vier Galileo-Satelliten, der sogenannten *In Orbit Validation* (IOV), welche im Jahr 2008 gestartet werden soll.

4.2.2 Fertigstellung (dritte Phase)

Die dritte Phase umfasst die Fertigstellung des Projekts und wird auch *Full Operational Capability* (FOC) genannt. Alle 30 Satelliten sollen dann betriebsbereit sein und mit den Bodenstationen kommunizieren können.

4.2.3 Betrieb und Wartung (vierte Phase)

Die vierte Phase umfasst Betrieb und Wartung von Galileo. Die voraussichtlichen Betriebskosten betragen ca. 220 Mio. € pro Jahr. Eine Möglichkeit, die Finanzierung sicherzustellen, wäre die lizenzierte Übergabe des Systems an einen oder mehrere private Betreiber.

4.3 Segmente

Wie bei allen globalen Navigationssystemen (GNSS) besteht auch GALILEO aus mehreren Segmenten, welche hier im Einzelnen vorgestellt werden. Es handelt sich um das Bodensegment, Raumsegment und Benutzersegment.

4.3.1 Bodensegement

Das Bodensegment, welches auch Kontrollsegment genannt wird, besteht aus einem Kontrollzentrum, welches sich in Oberpfaffenhofen (bei München) befindet. Mehrere Monitorstationen sind weltweit über den Globus verteilt und mit dem Kontrollzentrum verbunden. Auch auf der Erde ist das Prinzip des redundanten Betriebs wiederzufinden, denn es steht auch ein zweites baugleiches Kontrollzentrum in Fucino (Italien). Die Aufgabe des Bodensegments besteht in der Überwachung der Satelliten, Synchronisation der Atomuhren in den verschiedenen GALILEO-Satelliten, Übertragung von Bahninformationen zur Korrektur von Bahnabweichungen und der Ausmusterung von alten Satelliten.

Insgesamt besteht das Bodensegment aus folgenden Komponenten
- zwei gleichberechtigte Kontrollzentren (GCC) in Oberpfaffenhofen, Deutschland und Fucino, Italien
- zwei Performance-Center an den Standorten der GCCs um die Signalqualität zu überprüfen und zu bewerten
- ein weiteres Kontrollcenter in **Spanien** zur Kontrolle des Safety-of-Life Signals und als Reserve-GCC
- fünf Satelliten-Kontrollstationen (TCC) für die Satellitenkommunikation
- 30 Signalkontroll-Empfangsstationen (GSS) zur Erfassung der Galileo-Signale
- neun Up-link-Stationen (ULS) zur Aktualisierung der ausgestrahlten Galileo-Navigationssignale

Hierbei werden einige Elemente aus dem Bodensegment von EGNOS in Galileo integriert.

4.3.2 Raumsegment

Das Raumsegment besteht aus den Satelliten, welche sich auf einer Bahnhöhe von 23 230 km befinden und um die Erde kreisen. In der Endphase befinden sich jeweils neun Satelliten plus Reservesatellit auf drei Orbitebenen mit einer Bahnneigung (Inklination) von 56° zum Äquator. Es befinden sich somit insgesamt 30 GALILEO-Satelliten im Orbit (siehe Abbildung 5), wobei die Umlaufzeit eines Satelliten 14 Stunden und 15 Minuten beträgt. Erwähnenswert ist die lange Lebensdauer der GALILEO-Satelliten von 12-15 Jahren gegenüber GPS-Satelliten, welche schon nach sieben Jahren ausgetauscht werden müssen. Jeder Satellit verfügt über ein Uhrenmodul, welches zwei Uhren beinhaltet die Rubidium Cäsium Uhr und die neuartige Wasserstoff-Maser Uhr, welche von der Firma TEMEX aus der Schweiz stammt. Diese genaueste Uhr auf der Welt hat nur eine Abweichung von einer Sekunde in einer Million Jahre und stellt die Grundlage für die sehr präzise Navigation dar. Bei Ausfall eines Uhrenmoduls kann auf ein redundantes Uhrenmodul umgeschalten werden.

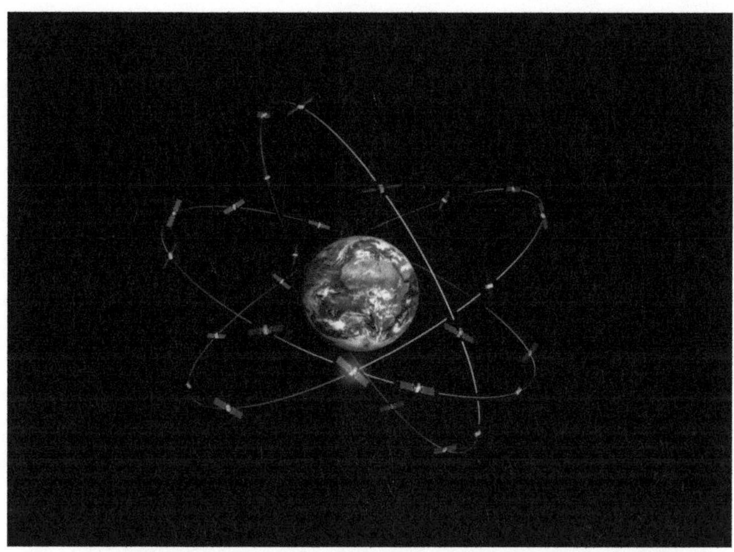

Abbildung 5: geplante Satellitenkonstellation [GAL07]

Aufgrund der neuartigen Technik und größeren Sendeleistung der GALILEO-Satelliten von 55 bis 150 W sind Datenraten von 50 bis 1000 Bit/s möglich. GPS bietet bei 25 bis 50W nur eine Datenrate von 50 Bit/s. Die angegebenen Datenraten beziehen sich auf eine Frequenzbreite von 1 MHz. Ein Satellit hat eine Masse von rund 680kg. [ZoJe06]

4.3.3 Benutzersegment

Das Benutzersegment besteht aus allen Nutzern des Systems, welche einen geeigneten Empfänger besitzen, um die Signale von den GALILEO-Satelliten zu empfangen. Wer diese Benutzer sind, wird im Abschnitt Dienste (siehe Kapitel 4.5) erklärt. Es gibt Einfrequenz-Empfänger, welche nicht in der Lage sind Ionosphärefehler zu kompensieren, sowie Zweifrequenzempfänger mit denen auch ein Empfang von verschlüsselten Navigationssignalen möglich ist und eine genauere Ortsbestimmung zulassen.

4.4 Frequenzen

Die GALILEO-Satelliten werden in Zukunft insgesamt 10 Signale aussenden, die sich wie folgt aufteilen:

- vier Signale im Frequenzband E5a/E5b: 1164 bis 1215 MHz
- drei Signale im Frequenzband E6:   1260 bis 1300 MHz
- drei Signale im Frequenzband E2-L1-E1:   1559 bis 1591 MHz
- und ein S&R-Signal (Search and Rescue):   1544 MHz

Dies ist auch in Abbildung 6 ersichtlich, wobei E für Europa, G für GLONASS steht und L1 und L5 die Sendefrequenzen von GPS sind. Das Navigationssignal setzt sich aus der Zeit der Atomuhr, den Orbitdaten des Satelliten und Integritätsinformationen zusammen. GALILEO benutzt E1, E2, E5, E6 und S&R.

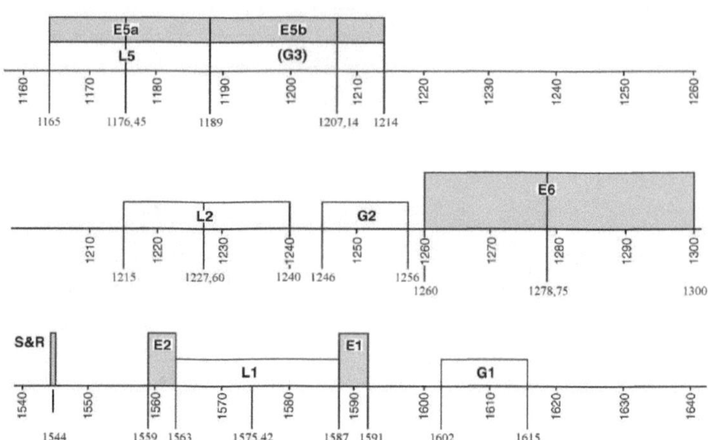

Abbildung 6: Frequenzspektrum [MaWe04]

4.5 Dienste

GALILEO wird fünf verschiedene Dienstkategorien für verschiedene Benutzer- oder Anwendungsgruppen anbieten. Bei jedem Dienst sind die Anforderungen an Funktion, Genauigkeit, Verfügbarkeit und Integrität unterschiedlich. Der *offene Dienst* (Open Service, OS), der *kommerzielle Dienst* (Commercial Service, CS), der *sicherheitskritischer Dienst* (Safety of Life Service, SoL) der *öffentlich regulierter Dienst* (Public Regulated Service, PRS) und der *Such- und Rettungsdienst* (Search and Rescue, SAR) werden im Folgenden genauer beschrieben. GALILEO wird für einige kritische Anwendungen Informationen zur Systemintegrität übertragen, um eine Art Quality of Service anzubieten. Unter Integrität versteht man die Unversehrtheit von Informationen und Daten. Die Benutzer werden rechtzeitig (innerhalb von sechs Sekunden) eine entsprechende Warnung erhalten, wenn das System die angegebene Genauigkeit unterschreitet.

4.5.1 OS (Open Service)

Der *offene Dienst* ist für Anwendungen auf Massenmärkten vorgesehen und wird die Signale zur Orts- und Zeitbestimmung gebührenfrei zur Verfügung stellen. Dieser Service ist vor allem für Anwendungen mit niedrigen Genauigkeitsanforderungen konzipiert, wobei günstige Einfrequenz-Empfänger zum Einsatz kommen können (z.B. für die Straßennavigation im Auto). Navigationsreceiver werden die Signale von GALILEO und GPS kombinieren können, weil die Sendefrequenzen von GALILEO und GPS für diesen Dienst gleich sind. Die Empfangseigenschaften werden sich selbst unter ungünstigen Bedingungen, wie z.B. in Stadtgebieten oder hohen geografischen Breiten durch die Erhöhung der Anzahl der empfangenen Satellitensignale verbessern. Die GALILEO-Betreibergesellschaft wird für diesen offenen Dienst keine Verfügbarkeitsgarantie, keine Haftung und keine Integritätsinformationen bereitstellen, dafür ist dieser Dienst kostenfrei und stellt die eigentlich Konkurrenz gegenüber GPS dar. Die einzigen Kosten kommen auf die Hersteller zu, indem diese für den Bau von Empfängern Lizenzgebühren entrichten müssen. Eine Übersicht der Genauigkeit in Abhängigkeit vom Dienst findet man im Kapitel 4.6.

4.5.2 CS (Commercial Service)

Der *kommerzielle Dienst* ist für Marktanwendungen gedacht, welche höheren Genauigkeiten erfordern als der offene Dienst und stellen für GALILEO Industries die Haupteinnahmequelle dar. Dieser Dienst bietet kostenpflichtige Mehrwertdienste an, welche nur für autorisierte Nutzer zur Verfügung stehen. Die einzelnen Signale sind daher verschlüsselt, um nur diejenige Benutzergruppe zu erreichen, welche auch die Gebühren entrichtet hat. Hierzu erhalten die Empfänger mithilfe von Zugriffsschutzcodes einen Zugang zu den Signalen. Typische Mehrwertdienste sind z. B. Dienste zur Übertragung von Daten mit hohen Transferraten, exakte zeitbezogene Dienste und die Bereitstellung von Modellen zur ionosphärischen Verzögerung sowie von lokalen differenziellen Korrektursignalen für äußerst exakte Positionsbestimmungen. Als Anwendungsbeispiel ist hier das Vermessungswesen, Flottenmanagement und Netzsynchronisation zu nennen.

4.5.3 SoL (Safety of Life)

Der *sicherheitskritische Dienst* ist für verkehrsbezogene Anwendungen vorgesehen, bei denen infolge einer Beeinträchtigung des Navigationssystems, ohne entsprechende Warnung in Echtzeit, lebensbedrohliche Situationen auftreten könnten. Der wesentliche Unterschied zum offenen Dienst besteht in der weltweit hohen Integrität bei sicherheitskritischen Anwendungen wie z. B. in den Bereichen Seeverkehr, Luftverkehr und Schienenverkehr. Der Dienst kann nur durch die Verwendung zertifizierter Zweifrequenz-Empfänger genutzt werden. Damit der erforderliche Signalschutz gewährleistet werden kann, befindet sich der Dienst auf den Frequenzbändern für Flugnavigationsfunkdienste (L1 und E5). Innerhalb von 6 Sekunden wird eine Warnung angezeigt, falls das System nicht genutzt werden kann (Integritätsinformationen).

4.5.4 PRS (Public Related Service)

Der *öffentliche regulierte Dienst* soll von staatlichen Einrichtungen wie z.B. Polizei, Küstenwache, Zollbehörden und Militärs genutzt werden, aber unter ziviler Kontrolle stehen. Es wird ein besonders robuster und streng zugangskontrollierter Dienst sein, der ausschließlich für autorisierte Nutzer zur Verfügung steht. Dieser Dienst soll jederzeit und unter allen Umständen, vorallem in Krisensituationen, erreichbar sein. Die Signale werden verschlüsselt übertragen, um gegen Störsender und elektronische Täuschungsmanövern geschützt zu sein.. Hier wird eine Genauigkeit von bis zu sechs Metern erreicht.

4.5.5 SAR (Search and Rescue)

Momentan wird für humanitäre Such- und Rettungsdienste das COSPAS-SARSAT-System verwendet. Im amerikanischen Raum wird von "SARSAT" (*Search and Rescue Satellite-Aided Tracking*) und im Russischen "COSPAS" gesprochen. Es entstand Ende der 70er Jahre und ist von den USA, Kanada, der damaligen UdSSR und Frankreich entwickelt worden. Das COSPAS-SARSAT-System verwendet sechs Satelliten in niedriger Erdumlaufbahn (LEO-Satelliten) und fünf geostationären Satelliten (GEO-Satelliten). Mit diesen ist eine Ortung von in Not geratenen Personen oder Fahrzeugen bei See-, Land- und Luftnotfällen mittels aktivierten Notsendern möglich. Der GALILEO-SAR-Dienst soll das bestehende COSPAS-SARSAT-System verbessern und erweitern:

- Empfang von weltweiten Notrufen in Echtzeit (Verzögerung bisher durchschnittlich eine Stunde, aufgrund der nicht immer ausreichenden Anzahl verfügbarer Satelliten)
- exaktere Positionsbestimmung des Notrufortes (auf wenige Meter, anstelle der derzeitigen Genauigkeit von 5 km).
- Erkennung mit mehreren Satelliten zur Überwindung standortbedingter Behinderungen bei ungünstigen Bedingungen und erhöhte Verfügbarkeit des Weltraum-

segments (30 GALILEO-Satelliten in der mittleren Erdumlaufbahn, ergänzend zu den LEO- und GEO-Satelliten des aktuellen COSPAS-SARSAT-Systems).

Mit GALILEO wird es erstmals möglich sein, dem Auslöser des Notrufes eine Rückmeldung (vom SAR-Betreiber) zu geben. Rettungsbedürftige Personen können so Informationen über den Rettungsstatus („Hilfe ist unterwegs", „Es dauert 1 Stunde") erhalten. Dadurch sollen die Rettungsmaßnahmen erleichtert, und der Anteil von Fehlalarmen reduziert werden.

4.6 Genauigkeit

Die Tabelle 2 gibt einen Überblick über die Positionierungsgenauigkeiten von GALILEO in Abhängigkeit vom Dienst und Empfängertyp.

Dienst	Empfängertyp	Genauigkeit horizontal	Genauigkeit vertikal
OS	Einfrequenz	15 m	35 m
	Zweifrequenz	4 m	8 m
CS	Zweifrequenz	unter 1 m	unter 1m
PRS	Einfrequenz	6,5 m	12 m
SoL	Zweifrequenz	4 bis 6 m	4 bis 6 m

Tabelle 2: Genauigkeit der verschiedenen GALILEO-Dienste [MaWe04]

Hierbei ist ersichtlich, dass im offenen Dienst (OS) die geringste Genauigkeit garantiert wird und im eigentlichen kommerziellen Bereich (CS) der höchste Genauigkeitssprung bis in den Zentimeterbereich möglich ist.

4.7 GATE

In Berchtesgaden in Bayern befindet sich das GATE (*German Galileo Test Environment*), welches eine Testumgebung für GALILEO-Receiver bietet. Der Kernbereich des Gebiets umfasst eine Fläche von 25 km², im Gesamten sogar 65 km². Hier finden momentan Experimente rund um das Thema GALILEO statt. Hierzu befinden sich sechs Sender auf jeweils einer Bergspitze und übernehmen die Funktionen eines GALILEO-Satelliten. Im Auftrag des Deutschen Zentrums für Luft- und Raumfahrt wurde diese Testumgebung zum Testen von GPS/GALILEO-Receivern installiert. Umgebung zum Testen von neuen Anwendungsgebieten unter sehr realen Bedingungen, da auch die Ionosphäre und Troposphäre emuliert werden. Diese Testumgebung bietet Firmen und Entwicklern von Navigationsgeräten eine speziell anpassbare Umgebung für spezielle Experimente. Als Beispiel kann man hier einen Touristenführer in Berchtesgaden nennen, welcher ein LBS darstellt und dem Benutzer standortbezogene Informationen auf seinem Gerät empfangen. Momentan sind schon bereits über 160 Tests angemeldet. In dem Empfangsbereich ist eine Genauigkeit von 2 bis 5 m möglich, welche viele Anwendungen wie z.B. in der Bergrettung, Holzwirtschaft, Verkehr, Bahn, Fußgängernavigation und Mountainbiker zulässt. [GATE07]

4.8 Vorteile von GALILEO

GALILEO wurde in Konkurrenz zu den etablierten GPS und GLONASS entworfen und soll durch die zivile Kontrolle die Abhängigkeit von diesen militärischen GNSS lösen. Jederzeit wäre es möglich, dass zum Beispiel das Verteidigungsministerium in den USA den GPS-Betrieb für die breite Öffentlichkeit deaktiviert. Weiterhin stellen der Aufbau und die Entwicklung von Produkten und Einrichtungen für das GALILEO-System einen wichtigen Technologievorsprung dar. Aufgrund des erwarteten Zuwachses an Produkten für die Navigationssysteme rechnet man bei GALILEO mit der Schaffung von 150.000 neuen

Arbeitsplätzen. Aufgrund der höheren Anzahl von Satelliten im Orbit und der Ausrichtung dieser, ist weltweit eine größere Abdeckung wie bei GPS möglich. Vor allem in hohen Breitengraden und im Stadtbereich wird man von GALILEO profitieren, da auch hier erstmals eine ausreichende Anzahl an Satelliten zur Ortsbestimmung zur Verfügung gestellt werden kann. [RW07]

Mit GPS ist aufgrund der Bahnneigung (Inklination) der GPS-Satelliten in diesen Bereichen ein Empfang nur eingeschränkt oder gar nicht möglich. GALILEO garantiert somit ein sehr hohes Niveau an Verfügbarkeit und Kontinuität des GALILEO-Signals, welches auch durch die drei aktiven, in den Bahnebenen befindlichen, Reservesatelliten begünstigt wird. GALILEO wird außerdem durch die Integration von dafür notwendigen Informationen im Satellitensignal eine deutlich erhöhte Integrität bieten. Ein Vertrag mit den USA vereinbart, dass GALILEO kompatibel zu GPS/GLONASS sein wird. Damit stehen nach Fertigstellung ca. 57 Satelliten (GALILEO 30, GPS 27) zur Navigation/Positionsbestimmung zur Verfügung. Vorraussetzung war u.a., dass die USA das GALILEO-Signal bei (militärischem) Bedarf stören kann.

4.9 Fazit

Der zweite Testsatellit GIOVE-B startet im März 2008 in den Weltraum und vervollständigt damit die insgesamt zwei vorgesehenen Testsatelliten im Orbit. Nach erfolgreichem Test und Inbetriebnahme der neuen Wasserstoff-Maser-Uhr werden weitere vier Satelliten, diesmal „richtige" GALILEO-Satelliten in den Orbit gebracht. Nachdem diese Schritte alle erfolgreich abgeschlossen sind, werden bis 2013 insgesamt 30 Satelliten zur Verfügung stehen. Für die Nutzer von bestehenden GPS-Emfängern wird sich mit der Fertigstellung von GALILEO die Verfügbarkeit erhöhen. Wenn eine genauere Ortsbestimmung gewünscht wird, muss ein dementsprechender GALILEO-Empfänger erworben werden. Wenn GALILEO für die breite Öffentlichkeit fertig gestellt ist, stehen dem Benutzer aufgrund der Kompatibilität mit GPS bis zu 57 Satelliten zur Ortsbestimmung zur Verfügung.

5 Zusammenfassung

Zurzeit ist GPS das bekannteste und meist genutzte Verfahren zur Positionsbestimmung auf der Erde. Mit der Abschaltung der künstlichen Ungenauigkeit hat sich im Jahre 2000 die Genauigkeit von GPS auf bis zu 20m verbessert. Manche Anwendungen erfordern allerdings höhere Genauigkeiten in der Positionsbestimmung. Vor allem in sicherheitskritischen Bereichen, wie z.B. im Flug- oder Schiffsverkehr, sind genauere Positionsbestimmungen bis auf wenige Meter erforderlich. Um dies zu erreichen werden überlagerte Systeme wie EGNOS, MSAS oder WAAS als Zusatz zu GPS benutzt. Damit auch in städtischen Bereichen oder erstmals in Gebäuden eine sehr genaue Positionsbestimmung gelingt, werden über ein drahtloses Netz (Mobilfunknetz) Zusatzinformationen an die GPS-Empfänger übermittelt. Dies kann mithilfe von A-GPS-fähigen Endgeräten (z.B. Mobiltelefon mit eingebautem GPS-Empfänger) und entsprechenden Diensten der Mobilfunkbetreiber erreicht werden. A-GPS lässt sich ebenfalls mit EGNOS kombinieren und ermöglicht so die Vorteile von beiden Technologien zu vereinigen. Auch zukünftige GALILEO-Empfänger können mit EGNOS kombiniert werden. Dies stellt dann die *höchstmögliche* Positionsbestimmung bis in den Zentimeterbereich dar. Interessiert an solch hohen Genauigkeiten sind vor allem Vermessungsämter in Deutschland wie auch in anderen europäischen Staaten. GLONASS ist momentan wieder im Aufbau und soll bis Ende 2010 voll funktionsfähig sein, indem neue Satelliten in den Orbit gebracht werden, welche unter anderem auch eine höhere Lebensdauer besitzen. Damit stünden im Jahre 2013 weltweit drei voll funktionierende Satellitennavigationssysteme zur Ortsbestimmung zur Verfügung.

Abkürzungsverzeichnis

A-GPS	Assisted-GPS
AOR-E	Atlantic Ocean Region East
CU	Central Unit (mit Prozessor)
COSPAT	Cosmicheskaya Sistyema Poiska Avariynich Sudow
COO	Cell of Origin
CS	Commercial Service
DGPS	Differential GPS
EGNOS	European Geostationary Navigation Overlay Service
Em	Empfänger
ESA	European Space Agency
EWAN	EGNOS Wide Area Network
GATE	German Galileo Test Environment
GCC	Galileo Control Center
GEO	Geosynchronous Earth Orbit
GIOVE	Galileo In Orbit Validation Element
GLONASS	Globalnaya Navigatsionnaya Sputnikovaya Sistema
GNSS	Globale Navigation-Satelliten-Systeme
GPS	Global Positioning System
GSM	Global System for Mobile Communications
GSS	Galileo Sensor Stations
FOC	Full Operational Capability
IOV	In Orbit Validation
IOR	Indian Ocean Region
ITU	International Telecommunication Union
LEO	Low Earth Orbit
LBS	Location Based Services
MCC	Master Control Center
Md	Modem
Mo	Monitoren
MSAS	MTSAT Space-based Augmentation System
MTSAT	Multifunctional Transport Satellite System
NAVSTAR GPS	Navigation System with Timing and Ranging GPS
NLES	Navigation Land Earth Station
OS	Open Service
PRS	Public Related Service
RIMS	Ranging and Integrity Monitoring Station
SAR	Search and Rescue
SARSAT	Search and Rescue Satellite-Aided Tracking
SBAS	Satellite Based Augmentation System
SoL	Safety of Life
TTFF	Time to First Fix
TCC	Telemetry Tracking and Command
TOA	Time of Arrival
PDA	Personal Digital Assistant
ULS	Uplink Stations
WAAS	Wide Area Argumentation Sytem

Referenzen

Bücher

[MaWe04] Mansfeld Werner (2004):
Satellitenortung und Navigation – Grundlagen und Anwendung globaler Satelliten-navigationssysteme
Vieweg & Sohn Verlag/GWV Fachverlage GmbH, Wiesbaden 2004, 248-295

[RoJö05] Roth Jörg (2005):
Mobile Computing – Grundlagen, Technik, Konzepte
dpunktverlag GmbH, Heidelberg, 2005, 290-294

Zeitungen/Zeitschriften

[RW07] RAUMFAHRT-WIRTSCHAFT:
Informationsdienst für Politik, Industrie und Forschung
Köln 18/07, 15. September 2007

[ReUd04] Reckemeyer, Udo (2004):
Location Base Services
funkschau, 3/2004

[ZoJe06] Zogg, Jean-Marie (2006):
Von GPS zu Galileo – Die Weiterentwicklung der Satelliten-Navigation
Elektronik, 5/2006

Internet

[BoGe06] Zur Bonsen Georg, Montoya Alicia:
Sofortige Positionsbestimmung auf Knopfdruck zu jeder Zeit mit Assisted-GPS
Dokument GPS-X-06021, 7. Juni 2006
www.u-blox.com/technology/assistnow
Abrug: 15.11.2007

[GAL07] www.esa.int/esaNA/galileo.html
GALILEO
Abruf: 01.11.2007

[EGN07] www.esa.int/esaNA/egnos.html
EGNOS
Abruf: 12.11.2007

[ALC07] http://www1.alcatel-lucent.com/com/en/apphtml/atrarticle/2006q2satellitebasedlocationthetechnologicalchallengessatellitehtmltcm172915331635.jhtml
Assisted-GPS
Abruf: 11.11.2007

[GATE07] Galileo Testumgebung
www.gate-testbed.de
Abruf: 17.11.2007

[UBL07] Hersteller von GPS-Modulen und GPS-Technologien
www.ublox.com
Abruf: 22.11.2007